食尚生活·农产品消费丛书

好吃好玩 说

白菜

膳书坊　主编

U0313808

中国农业出版社

农村读物出版社

图书在版编目（CIP）数据

好吃好玩说白菜 / 膳书坊主编. — 北京：农村读
物出版社，2013.7
（食尚生活. 农产品消费丛书）
ISBN 978-7-5048-5702-6

Ⅰ．①好… Ⅱ．①膳… Ⅲ．①白菜－菜谱 Ⅳ．
①TS972.123

中国版本图书馆CIP数据核字（2013）第149451号

总 策 划	刘博浩
策划编辑	张丽四
责任编辑	张丽四　吴丽婷
设计制作	北京朗威图书设计
出　　版	农村读物出版社（北京市朝阳区麦子店街18号　100125）
发　　行	新华书店北京发行所
印　　刷	北京三益印刷有限公司
开　　本	880mm×1230mm　1/24
印　　张	4
字　　数	120千
版　　次	2013年10月第1版　2013年10月北京第1次印刷
定　　价	20.00元

（凡本版图书出现印刷、装订错误，请向出版社发行部调换）

contents 目录

Part 1 白菜是谁

Part 2 好吃的白菜

33

Part 3 好玩的白菜

81

白菜是谁

大白菜，可谓是冬天的必备蔬菜。尤其是北方，到了冬天，家家户户都少不了这个"当家菜"。虽然现在大棚种菜，冬天也有各种各样的蔬菜，可是大白菜依旧是主菜。大白菜的营养丰富、味道鲜美，素来被人称作"菜中之王"。

白菜先生
亮个相

　　白菜是我国的一种常见蔬菜，属于十字花科芸薹类，原产于我国北方。我们常说的白菜通常指大白菜，不过小白菜和甘蓝变种的结球甘蓝也在此列。结球甘蓝，通常被称为"圆白菜""洋白菜""球白"或者"包菜"。西方人常将我们所说的大白菜称为"北京品种白菜"，粤语里称之为"绍菜"。大白菜有宽大的菜叶和白色的菜帮，多层菜叶紧紧地包裹在一起，形成一个圆柱体，大多数顶上会紧实地包裹起来。被包在里层的菜叶因为见不到阳光，颜色呈现出淡绿色乃至淡黄色。

　　大白菜有许多个品种，光北方就有山东胶州大白菜、天津青麻叶大白菜、北京青白、东北大矮白菜、山西阳城的大毛边等。大白菜可谓是家家户户必备的蔬菜，不仅品种多样，栽培面积也极为广泛，长江以南是主产区，占了秋、冬、春菜播种面积的40%～60%。到了20世纪70年代以后，我国北方也开始大面积栽培白菜了，现在大白菜已经是我国栽培最广泛的蔬菜之一了。白菜的吃法多样，脆嫩的叶帮、柔软的叶片、花茎等都是餐桌上的常见食材，适合炒制、做汤、凉拌等多种烹饪方法。我国北方的冬天，大白菜是餐桌上最常见的菜肴，民间流传这样一句说法：冬日白菜美如笋，可见百姓对大白菜的喜爱程度了。

白菜驾到

9

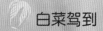 白菜驾到

白菜先生
有历史

　　白菜的原产地在中国的北方，后来逐渐在南方引种成功。目前，南北各地均有白菜的栽培，白菜也成为一年四季的家常菜肴。19世纪的时候，白菜由中国传入日本、欧美等各国。

历史悠久

　　白菜在我国有着悠久的历史。在西安半坡原始村落遗址中就有白菜籽的存在，那说明，白菜起码有六千多年的栽培历史了。《诗经·谷风》中有"采葑采菲，无以下体"这样的句子，说明距今三千多年的中原地带，葑（指蔓青、芥菜、菘菜，菘菜就是指现在的白菜）及菲（萝卜之类）已经成了常见的蔬菜，被广泛栽培。等到秦汉时期，世人将这种吃起来无滓且略有甜味的菘菜从"葑"中分化出来。三国时期的《吴录》有"陆逊催人种豆菘"的记载。5世纪的南齐《齐书》中也有"晔留王俭设食，盘中菘菜（白菜）而已"的记述，同一时期的陶弘景也说过："菜中有菘，最为常食。"唐朝时白菘已被大量栽培，等到宋朝，白菘正式被命名为白菜。宋代的苏颂对此作出如下记述："扬州一种菘，叶圆而大……啖之无渣，决胜他土者，此所谓白菜。"明代的医学大家李时珍引陆佃《埤雅》说："菘，凌冬晚凋，四时常见，有松之操，故曰菘，今俗谓之白菜。"上面这些记载，都能够说明白菜在我国历史久远，颇受人们喜爱。

　　"菘"这个字非常少见，草字头，底下是松柏的松，象征着白菜同松柏一样经冬不凋，四季常有。因为白菜最早产于南方，而在隋唐宋元之前，我国的政治经济文化中心都在北方，所以早先菘只在南方一带流行。到了三国之后，才逐渐出现有关白菜的记录，《吴录》中记载："陆逊催人种豆、菘"。不过隋唐之前白菜的栽培尚不广泛，只是到隋唐之后才被大量推广开来，与萝卜一道成为人们餐盘中的主要菜肴。有关白菜的诗句最早当出自杨万里的《进贤初食白菜因名之以水精菜》，诗中说："新春云子滑流匙，更嚼冰蔬与雪齑，灵隐山前水精菜，近来种子到江西"。"齑"便是捣烂的白菜，而"水精菜"则比较讲究，是将白菜放水中煮熟，捞起切细碎，再加盐拌制而成。古时候，种植条件有限，储存也不易，人们吃的蔬菜品种较少，所以大白菜是备受喜爱的食材，也是贵族的首选食材。

　　明朝时，大白菜传入朝鲜，受到朝鲜人的喜爱，后来成为朝鲜辣白菜的主要原料。韩国电视剧《大长今》中就有女主角试种从明朝引进的菘菜的情节。

注："齑"古同"齑"。细切后用盐、酱等调料浸渍的蔬菜和水果，如腌菜、酱菜、果酱之类。

深受喜爱

虽然白菜最早产于南方，但是现在南方的大白菜品种多是由北方引入的，包括乌金白、鸡冠白、蚕白菜、雪里青等，都是优良品种。白菜中含有人体所需的多种营养物质，蛋白质、脂肪、碳水化合物、多种维生素和钙、磷等矿物质以及大量粗纤维等。

白菜作为食材，其烹制方法极为广泛，炖、炒、熘、拌、做馅以及配菜都非常适合。白菜除了能够做熟了吃之外，还能够做成干菜或者腌制品。江浙一带盛产白菜干，就是将白菜晾晒而成。山东日照的著名特产"京冬菜"也是用白菜精心制作的。

白菜能够长期储存，味道鲜美，营养丰富，所以是百姓们的常见食材，尤其受北方民众的喜爱。在困难时期，蔬菜供应稀少，很多人家一整个冬天唯一吃的蔬菜就是大白菜。那个时候，几乎家家户户都会购买几百斤白菜来过冬。因为白菜是秋季播种，初冬收获，每年收获期间都是大批量上市，价格极其便宜。时间长了，"白菜价"便成为人们的口头禅了，有些商家会在促销商品打特价的时候推出"某某商品白菜价"的口号，以标榜其廉价。

现在，白菜的品种越来越多样化，栽培面积也越来越广泛。白菜可以有多种分类法，按照叶子的形状可以分为散叶型、花心型、结球型和半结球型几类。绿叶子的白菜以天津的青麻叶为代表，也称天津绿，是一种具有代表性的白菜，在大运河沿岸有三四百年的栽种历史，这种白菜绿色的叶片部分多，菜帮薄，纤维较少，内叶柔嫩爽脆。黄色菜叶品种以黄芽白菜为代表，也被称为黄芽菜、黄矮菜，分南北两种。在清朝光绪二十四年（1898年）《津门纪略》中就曾有这样的记载："黄芽白菜，胜于江南冬笋者，以其百吃不厌也"。还有人将这种白菜称之为"北笋"，以示其脆嫩爽口。台湾常见的台湾白菜也是北京白菜的一种，比本土的北京白菜略细。

白菜先生"家族"大

白菜这种常见的蔬菜从很久以前就深受大众喜爱，现在更是培育出了许多不同的品种，下面我们将为您介绍一下每个类别和品种的特点。

 白菜驾到

按栽培季节划分

白菜实在太多种多样，每一个季节都少不了它的踪影。想要给白菜分类，最简单的方法就是按照季节划分。

春白菜

这种白菜在春季播种，抗寒能力较强，抽薹较晚，主要有蚕白菜、四月慢、五月慢等品种。

春白菜是一种早熟或者中早熟的类型，短光照性。适应性强，在我国各地均可栽培生长。种植春白菜要注意播种的时间和育苗的质量。播种的时候需要在塑料大棚内育苗，播种时一定结合当时当地具体情况来操作。海拔高的山区，气温比平原低，播种时尤其要注意。一般播种时间在3月中下旬，过早播种，种子成活率低。

夏白菜

这种白菜在夏季播种，品相洁白、肉质细嫩，不仅可以鲜食，也可以用来做酸菜。因为是在夏秋高温季节栽培的，所以这种白菜也被称为"火白菜"或"伏菜"，典型品种有上海火白菜、广州马耳白菜、南京矮杂一号等。

秋冬白菜

这种白菜在中国南方被广泛栽培，有许多不同的品种。株形一般是直立或束腰形，按照叶柄的色泽可以分为白梗和青梗两类。白梗以南京矮脚黄、广东矮脚乌叶、常州长白梗、合肥小叶菜等为典型代表。青梗以上海矮箕、杭州早油冬、常州青梗菜等为典型代表。

按白菜的品种分类

白菜品种繁多，如玉田包尖白菜、高桩型白菜、黄玫瑰白菜等。

玉田包尖白菜

这种白菜的叶片薄、包心紧，整株白菜呈圆锥形，是200多年前培植出来的品种。清朝的《玉田县志》是这样记载的："白菜又名菘，有十数斤者，甘脆、甲他邑。"这种白菜的优点多多，譬如耐贮藏、不抽薹、产量高、叶脉细密、叶色深绿、味甜嫩脆等。因为这些优点，这种白菜名闻遐迩，成为人们口中的"玉菜"。从200多年前到现在，这种白菜也曾被移植到别处，但是只有在玉田这块特定的土地上，它才能保持其特性。这种白菜当地人除了留足自己食用的外，其他大部分都销往京、津、唐及东北、西北等地区。当年北京冬季储存的白菜基本上都是玉田产的。

观赏白菜

这种白菜也被称为"白菜花王",从胶州大白菜变种培育而来。这种白菜生长速度较慢,生长发育期很长,品质优良。在生长过程中会出现四大类变化:小苗期的白菜外形似油菜,莲座期凸显白菜的形状,等到成熟期颜色会发生变化,到贮藏期则具有观赏价值。这种白菜的营养价值高于普通白菜,生长过程中,叶心也会随着季节的变化而呈现出不同的色彩,非常具有观赏性。这种白菜既能食用又可作观赏植物,其生长期长达十个多月,如果放在花盆内培育,叶心还能随气温和生长周期的变化,变换出不同的颜色。到了花期,能够一次绽放出千万朵金黄色的小花,煞是美丽。

"黄玫瑰" 白菜

这种白菜的外形就如同它的名字一样,看起来像一朵黄玫瑰。远看过去,还是一棵正常的白菜,高高的白菜帮子,泛黄的叶片。这种白菜的菜帮很紧实,但是叶片到顶上会往外张开,叶片嫩黄色,一片卷着一片,如同漂亮的木耳边,从上往下看,就像一朵漂亮的黄玫瑰。这种白菜每片叶子上都有小小的锯齿,叶片比普通白菜叶片要厚,也更硬挺一些。

按照白菜的菜叶颜色分类

白帮白菜

    白帮白菜的特点是叶球颜色呈淡绿、黄绿或白色，这种白菜的上市时间在每年的9~10月，个头较小，叶肉较薄，质地比较细嫩，粗纤维较少，口味清淡，品种中等。

青帮白菜

    青帮白菜的叶片青翠，叶片厚，韧性大，组织紧密，质地较粗，但是贮藏后质地会逐渐变得细嫩，口味也会逐渐转甜。这是一种适合贮藏的白菜。

青白帮之分

    青口白菜的叶片为淡绿色，质地较粗，粗纤维较多，白菜包裹得不够紧实，但是韧性较大，还是一种品质较好的白菜。

白菜先生
带回家

　　白菜是最常见、最普通的蔬菜，富含多种营养成分。但是，霉烂变质或者有其他问题的白菜一样会携带各种致病因子，如果不慎误食，也会给身体带来很大损伤。所谓"宁吃鲜桃一口，不吃烂杏一筐"，也就是这个原因。

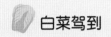 白菜驾到

挑选白菜有窍门

在冬天，白菜是饮食菜篮子里的重要角色。该如何挑选白菜呢？买回家马上吃的，和准备贮藏的，挑选方法有何不同吗？

白菜的品种繁多，在这里按白菜叶球颜色来细说挑选窍门。

白帮白菜

这种白菜不耐贮藏，一般都是随吃随买。想要贮藏的话，尽量不要挑选这种白菜。

白帮白菜的挑选标准是，包心结实，无黄叶、老帮，菜心没有灰心，没有夹叶菜，没有虫蛀，大小均匀。

白帮白菜有时候叶片上会有灰黑色的斑斑点点，这是病害侵袭所致，这样的叶片吃起来比较苦，应尽量避免购买这样的白菜。

青帮白菜

购买这种白菜需要注意，因为这种白菜是晚熟品种，生长期较晚，每年11月份才会上市，之前上市的都不是正宗的青帮白菜。

购买青帮白菜时一定要注意叶球的颜色和菜心的饱满程度。青帮白菜的菜心比较紧实、致密，但是有时候菜心可能会坏掉，挑选的时候一定要注意这一点。

青口白菜

　　这种白菜的挑选要根据贮藏时间来区分，如果是买来现吃的，那就要选择菜心裹得较紧实的，如果是想买回来贮藏，得买那种菜心松散的白菜。因为买回来的白菜心还会缓慢生长，如果买了包裹紧实的白菜，贮藏时容易腐烂。

　　另外，如果是买回来贮藏的白菜，一定要将外面蔫蔫的菜帮和叶子留着，别看它不好看，可营养却没少半分，另外，它还能保护里面的菜心呢。

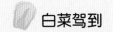 白菜驾到

白菜的贮藏

白菜虽然能够长期贮藏，但是如果贮藏不当，容易坏掉，也容易使某些营养成分流失。贮藏白菜的方法多种多样，下面就给大家介绍几种简便易行的方法。

1. 纸包白菜短贮藏。

如果买回来的白菜想在几天内吃完，可以拿几张报纸包住白菜，放到阴凉的地方去。

2. 干燥通风地存放白菜。

可以将白菜放在通风的地方稍微吹干晾晒，将黄叶、烂菜帮都扔掉，尽量保留较好的叶片以便保护好叶心。

3. 白菜存地窖。

如果有条件，可以将白菜贮藏在地下或者地窖里，这样能够贮藏几个月的时间。

4. 楼房干藏。

选择晴朗的天气，将白菜放在阳台或者空地上晾晒3~4天，这段时间要注意不断翻动白菜，等到白菜顶部的绿叶枯萎发蔫之后就可以准备贮藏了。将白菜根部的泥土抖落干净，剥掉脱落的烂白菜帮，有损伤的白菜帮也要去掉。然后用草绳将白菜拦腰捆住，不用太紧，只要不散就行了。将白菜根部朝下竖在通风阴凉湿润的地方。等到天气暖和的时候要及时把白菜搬出来晾晒。如果天气转冷，只要发现白菜没有烂掉的迹象，就不用翻动。如果发现有烂掉的白菜帮，要及时清理掉，并且把白菜翻出来吹吹。

5. 加工贮藏。

1）腌渍白菜：除掉白菜根和老白菜帮子，洗净晾晒，等到白菜发蔫的时候，放入大盆里加适量的盐揉搓，然后将白菜码入干净消毒过的陶缸或者大木桶里。码一层菜，撒一层盐，这样一直码到顶口的位置，然后再在白菜上面压上一块洗净消毒的大石头。等到数日之后，发现有汁液浸出，再将白菜上下翻动一遍，再码放好，

压上大石头。25～30天之后，大白菜就算做好，可以食用了。在腌制大白菜的时候，应该根据自己的喜好放入适量的食盐，一般情况下，每50千克的大白菜放入2.5～5千克的盐。

2）白菜干：将白菜洗净，去除根部和老帮子，放入沸水中浸泡片刻，然后捞入，放到干净的架子上晾晒，晒干即可。白菜干比起鲜白菜来，更有一番独特的滋味。

白菜先生
有"敌人"

白菜虽然是最常见的家常菜，几乎家家户户的餐桌上都能见到它。虽然现在人们的物质生活水平提高了，各种各样的蔬菜走进了寻常百姓家，但是白菜依旧是老百姓最喜欢的一种蔬菜。不过，白菜虽然好，吃起来也是有禁忌的。

北方有一道名菜"醋熘大白菜"，这种做法非常好，因为放醋能够充分保护大白菜中的营养成分。为了更好的保护白菜中的维生素C，醋最好在起锅之前放入。

白菜性偏凉，如果做白菜的时候加一点辣，可以温暖肠胃，还能促进肠胃蠕动。

白菜的食用禁忌

1. 腹泻者最好不要吃白菜，因为大白菜的纤维素极其丰富，具有润肠通便的作用，腹泻者吃后会加重症状。

2. 很多人喜欢拿大白菜焯水后凉拌了吃，这是一种很健康的吃法。不过也要注意，大白菜焯水的时间不要太长，以免破坏营养成分，一般20~30秒就够了。

3. 有4种大白菜是绝对不能吃的：腐烂的大白菜；放置时间过长的做熟的大白菜；没腌渍透的大白菜；反复加热的大白菜。这几种白菜都含有亚硝酸盐，能够同人体中的血红蛋白相结合，形成高铁血红蛋白，容易导致人体缺氧，出现贫血症状。

白菜先生
妙用多

白菜不仅是一种美味营养的蔬菜，还是一种具有极高药用价值的植物。我们来一起发掘一下白菜的多种用途吧。

白菜养颜又护肤

白菜的含水量很高（约95%），而热量却极低。冬天空气干燥、北风呼啸，对人的皮肤是极大的伤害，而白菜中富含维生素C和维生素E，多吃白菜，能够起到极好的护肤与养颜功效。

白菜补钙能力强

白菜中钙的含量极高，每100克大白菜中约有43毫克的钙。一杯煮熟的大白菜汁的钙含量几乎与一杯等量牛奶的钙含量相等。如果不喜欢喝牛奶，或者对牛奶无法吸收的人，多吃白菜也是一种很好的补钙方法。

白菜防癌好帮手

近些年来，美国纽约激素研究所的科学家经调查研究发现，中国与日本的女性乳腺癌的患病率远低于西方妇女，而这其中的缘故就是这些地区的女性常吃大白菜。白菜中含有的某些微量元素，能够帮助人体调节雌激素，这就极大地降低了乳腺癌的患病概率。另外，白菜中还含有微量钼，能够抑制人体内亚硝酸胺的生成，也能一定程度上预防癌症。

白菜润肠又通便

白菜中含有丰富的膳食纤维，能够促进胃肠蠕动，帮助消化，便秘的人应该多吃白菜。另外，白菜清凉败火，易上火的人，可以多吃白菜。

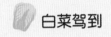
白菜药用价值高

　　有的人一到冬天就觉得苦不堪言，为什么呢？因为这该死的冻疮让人备受折磨，有冻手的，有冻脚的，有冻耳朵的，还有冻脸的，红红的冻疮又痒又疼，让人无比难受。别担心，你常吃的大白菜就能帮你解决这个大麻烦。将白菜帮子洗净切碎，煎成浓汤，每晚睡前用这浓汤洗敷患处，连着数日就能够有明显效果。

白菜先生
减肥又美容

白菜的根、帮、叶、心，处处可食，可谓浑身是宝，不仅能够补充人体所需营养，还能够减肥美容。

减肥

　　白菜的减肥功效相信大家都有所耳闻，那些常见的"七日瘦身汤""减肥秘饮"里头可都少不了白菜的踪影。白菜中含有大量纤维素，能够促进肠道蠕动，帮助消化，排出体内毒素，防止便秘。想要减肥者，一天吃两顿白菜，保准你肠道通畅、浑身舒坦，脂肪也不会囤积。

　　有调查显示，一天两顿吃粗粮粥配上醋熘白菜，平均一个月能够瘦3千克左右。想要窈窕身形的你，还不赶紧试试？

祛痘

　　白菜的减肥瘦身功效大家多少都有耳闻，可是说到祛痘，似乎就不那么为人熟知了。下面为大家介绍一下白菜祛痘面膜的制作方法。

　　这个面膜做起来非常简单，先将新鲜的大白菜叶整片摘下洗净，放到干净的案板上摊平。用擀面杖或者啤酒瓶轻轻碾压菜叶10分钟左右，将菜叶碾压成网格糊状。将脸洗净，把网格状的菜叶平整地贴在脸上，10分钟换一张菜叶，一次换3张菜叶。连着做几天，你就能发现脸上光洁平滑许多。

　　白菜里含有丰富的维生素，去油脂、清热解毒的功效非常明显。不论外敷，还是内服，都能够收到极好效果。现代社会人们生活压力极大，熬夜是家常便饭，经常在电脑前一坐就是十几个小时，内分泌失调、痘痘满脸也就不足为奇了。如果你正为自己满脸的痘痘发愁的话，不妨试试这个白菜面膜，也许能有意外的惊喜。

乌发

说起黑芝麻乌发，大家肯定都知道，可是白菜也能乌发？且看我慢慢道来。将白菜洗净，白菜叶下锅煮，水开之后可以将白菜叶捞出来凉拌，白菜水千万不要倒掉，留着用来洗头发正好。用白菜水连着洗头一个月，你就会发现自己的头发变得乌黑油亮了。原因呢？因为白菜含有丰富的营养，白菜煮水，很多营养成分都溶解到水中去了，再用这水洗头，发根被滋润，滋润后的头发就会变得乌黑油亮了。

Part2
好吃的白菜

大白菜的营养价值极高，有"百菜不如白菜"的说法。在智慧人们的巧手下，白菜变化出了无穷的魅力来。

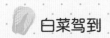 白菜驾到

 木耳炒白菜

特点 营养美味，香嫩可口。

适合人群 一般人群均可食用。

材料： 白菜250克，木耳6~8朵。

调料： 食用油15毫升、葱1/3根、姜5克、老抽1汤匙、白糖1/2汤匙、醋1/2汤匙、盐1汤匙。

制作：

1. 将白菜洗净，撕成片。将葱、姜洗净，切丝，备用。

2. 将木耳用温水浸泡15分钟，变软即可捞出，摘去根部并撕成小块，洗净。

3. 将锅置于火上，倒油小火加热后，放入葱、姜炒出香味后，加入白菜片，大火翻炒均匀。

4. 待白菜片炒至微微变软时，加入少许老抽、白糖和醋翻炒均匀。

5. 放入泡好的木耳，翻炒几分钟，放入适量盐翻炒均匀，即可出锅。

烹饪高手支招

1. 白菜和木耳要用手撕成片，这样做出来的菜，口感更好哦。

2. 白菜在锅中翻炒时间不宜过长，稍变软即可，时间长颜色会变黄。

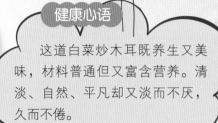

健康心语

　　这道白菜炒木耳既养生又美味，材料普通但又富含营养。清淡、自然、平凡却又淡而不厌，久而不倦。

醋熘白菜

> **特点** 酸甜爽口，健康营养。
>
> **适合人群** 一般人群均可食用。

材料： 白菜300克。

调料： 食用油15毫升、葱1/3根、干红辣椒4个、醋2汤匙、酱油1/2汤匙、白糖1/2汤匙、水淀粉1汤匙、食盐1/2汤匙。

制作：

1. 将白菜洗净，用刀从中间切开后，再将白菜片成薄片儿。

2. 将葱洗净切片，干红辣椒洗净剪开，备用。

3. 将锅置于火上，倒油烧至5成热时，放入干红辣椒爆香后，马上放入切好的葱片，随后倒入白菜翻炒2分钟。

4. 再倒入醋、酱油、白糖和盐调味，翻炒3分钟左右。

5. 待白菜出汤后，放入盐调味。

6. 最后淋入水淀粉，用铲子沿同一方向搅拌勾芡，翻炒一下，即可出锅。

烹饪高手支招

1. 白菜要从中间切开，再切成小片，这样可以保证每片都有帮有叶，入味均匀。

2. 为了让菜品口味更好，油锅中放入白菜后，一定要及时翻炒，让油包裹住叶片。这道菜在最后放盐，避免蔬菜出水多。

3. 放醋后盖上锅盖焖一会儿，才能使醋入味，防止醋挥发掉。

4. 醋熘白菜，最重要是醋的量，这里不好配比。可依据个人喜好，喜酸者就要多放些，不喜太酸就少放些。

健康心语

这道菜的营养价值高，而且原料一年四季都有，因此成为众多营养学家心目中家常菜中的超级菜肴。由于白菜含有丰富的抗氧化元素，是最热门抗癌蔬菜中的明星。

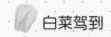 白菜驾到

小白菜炒肉

特点 咸鲜美味，口感嫩滑。

适合人群 一般人群均可食用。

材料： 小白菜200克、猪肉150克、粉条50克。

调料： 食用油15毫升、八角3克、葱花5克、花雕酒1/2汤匙、生抽1/2汤匙、老抽1/2汤匙、食盐1/2汤匙、白糖1/2汤匙。

制作：

1. 将粉条剪成长度在10厘米左右的段，用冷水泡软。

2. 将小白菜去根洗净控干水分，切成小段。

3. 将猪肉洗净切成肉片，备用。

4. 泡软的粉条用开水煮，煮到没有硬心后捞出。

5. 将炒锅置于火上倒油烧热，放入八角爆香后倒入葱花，翻炒出香味后加入肉片，再倒入少许花雕酒，煸炒至猪肉变色。

6. 放入小白菜段一起翻炒，炒至7分熟。

7. 最后放入煮过的粉条，加入适量老抽、生抽、盐和白糖翻炒均匀。

8. 汤汁收浓即可。

烹饪高手支招

1. 粉条先用水煮熟，避免不好咀嚼，影响口感。

2. 老抽1/2汤匙就好，颜色太深不好看。肉片不要先腌过再下锅，否则会太咸。

健康心语

这道小白菜炒肉荤素搭配，口味适中。既营养丰富，又美味健康，是居家餐桌上的常备菜肴，惬意的假日烹制出来与家人一起分享吧！

白菜驾到

辣白菜炒土豆

特点 色泽明艳，香辣开胃。

适合人群 一般人群均可食用。

材料： 辣白菜100克、土豆1个、猪肉50克。

调料： 食用油15毫升、盐1/2汤匙、葱末5克、韩式辣酱2汤匙。

制作：

1. 将土豆去皮洗净切成片；辣白菜切成段；猪肉洗净切片，备用。

2. 将韩式辣酱用水调匀，备用。

3. 将锅置于火上，烧热油，放入葱末炒出香味。

4. 放入肉片炒至微焦。

5. 将辣白菜倒入锅内翻炒出香味。

6. 再倒入土豆片翻炒均匀后，倒入一小碗开水，煮开后转中火，盖锅盖焖煮。

7. 待锅内汤汁基本收干时，加入用水调匀的韩式辣酱；再加盐翻炒均匀即可。

烹饪高手支招

1. 炒肉时，油不要太多，也可选用稍肥的猪五花肉，但要等煸炒出肉的油脂后再放入辣白菜。

2. 土豆片不可切得过厚，切好后要在清水中浸泡5分钟左右，再用清水冲洗2遍，去掉土豆中的一部分淀粉。

3. 炒菜时加入韩式辣酱可以为菜提色和增加辣味，不能吃辣的可少加或者不加。

4. 韩式辣酱分为甜味和辣味两种，炒这道菜比较适合用辣味的辣酱，甜酱比较适合做辣炒年糕和韩式拌饭。

健康心语

　　这道独具特色的辣白菜炒土豆片，虽然原料常见，味道却令人惊艳。土豆的丰富营养加上辣白菜的酸辣口感，不愧称之为家常开胃菜之佳品。

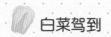 白菜驾到

特点 清爽可口，制作简单。

适合人群 一般人群均可食用。

材料：白菜350克。

调料：食用油15毫升、香辣豆瓣酱2汤匙、葱1/4根、蒜4瓣、食盐1/2汤匙。

制作：

1. 将白菜洗净，用手撕成大片。

2. 将葱、蒜洗净切成末，备用。

3. 将锅置于火上，倒少许油，加入白菜翻炒至稍软出汤后，盛出倒掉汤汁。

4. 炒锅倒入油，加香辣豆瓣酱炒香后，放入蒜、葱末翻炒出香。

5. 再将刚炒过的白菜倒入，转大火快炒。

6. 加入适量盐翻炒均匀后即可。

烹饪高手支招

1. 先炒一遍白菜是为了把部分水炒出，菜的口感更好。所以在第二次下锅时，白菜不要连汤下锅。

2. 香辣豆瓣酱可以根据个人口味适量添加，这是这道菜惊艳和加分的调料哦。

健康心语

白菜是最能吸味的蔬菜之一，这道菜中白菜吸收了豆瓣酱的香辣口味，让菜香更浓郁，味道更爽口。香辣白菜，既好吃又省力，还是超级开胃的一道菜。

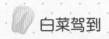

 蟹黄白菜

特点 糯软柔嫩，味鲜爽口。

适合人群 一般人群均可食用。

材料： 白菜心300克、蟹黄50克、高汤适量。

调料： 食用油15毫升、食盐1/2汤匙、黄酒适量。

制作：

1. 将白菜心洗净，切成3厘米长的段。

2. 将锅置于火上，倒油烧至6成热时，倒入白菜心炒至稍软。

3. 用高汤将白菜煨熟。

4. 加适量盐调味，翻炒均匀。

5. 将白菜和汤盛出放入汤碗中。

6. 在锅内汤汁中加入蟹黄、黄酒翻炒。

7. 最后将蟹黄倒在白菜上即可。

烹饪高手支招

1. 选用白菜心这种鲜嫩的原材料，使菜的口感达到最佳。

2. 白菜要用高汤煨软煨烂，这样菜品更加入味，滋味才会更加醇爽。

3. 没有蟹黄的情况下，此菜也可用蟹油代替蟹黄，称为"蟹油白菜"，其操作方法相同。

健康心语

　　蟹黄白菜，蟹味清鲜，滋味醇爽，是一道地地道道的闽菜。此菜制作考究，口味鲜美富含营养，有解渴利尿、通畅肠胃和促进消化的作用。亲手烹制，招呼亲朋好友，细细品尝，真是别有一番滋味！

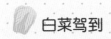

白菜 炖豆腐

特点 咸甜适口，妙不可言。

适合人群 一般人群均可食用。

材料： 大白菜200克、豆腐1块、猪血1块、高汤适量。

调料： 食用油15毫升、葱花5克、姜片3克、八角3克、料酒1/2汤匙、生抽1/2汤匙、食盐1/2汤匙、碎香菜5克。

制作：

1. 将猪血和豆腐分别冲洗一下，切成方块。

2. 将猪血在凉水中浸泡；豆腐要在盐水中煮至微微飘起，捞出控干水备用。

3. 将白菜洗净，菜叶用手撕成片，菜帮用刀切成薄片备用。

4. 将炒锅置于火上倒油烧热，放入葱、姜和八角爆香。

5. 再倒入白菜大火翻炒，并加料酒和生抽调味。

6. 炒至白菜变软后，加入高汤，并加入豆腐和猪血，转大火煮开。

7. 转中火炖至白菜软烂，同时豆腐、猪血入味。

8. 加盐调味，撒上碎香菜即可。

烹饪高手支招

1. 将鲜豆腐换成冻豆腐，风味会更加独特。

2. 炒白菜时应先下菜帮，再下菜叶，这样菜叶不易被炒黄。

健康心语

　　白菜有清热除烦、解渴利尿、通利肠胃的功效。这道菜细火慢炖，使白菜软烂，味道适口，豆腐与猪血也吸收了骨汤和白菜的精华，更是妙不可言。做一道营养全、滋味浓的豆腐猪血炖白菜，温暖在外奔波劳碌的家人吧！

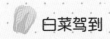

土豆 牛肉炖白菜

特点 老少皆宜，营养丰富。

适合人群 一般人群均可食用。

材料：土豆1个、白菜叶200克、牛肉100克。

调料：食用油15毫升、淀粉1汤匙、葱花5克、老抽1/2汤匙、八角3克、桂皮3克、盐1汤匙、白糖1/2汤匙、料酒适量。

制作：

1. 将牛肉洗净切成小块放入碗中，加适量干淀粉和料酒腌制10分钟。

2. 将土豆削皮洗净后，切成小块。

3. 将白菜洗净后，用手将菜叶撕成大块。

4. 将锅置于火上倒适量油，待油加热至六成热时，加葱花爆香。

5. 倒入牛肉块，大火快炒至牛肉变色。

6. 把土豆倒入锅中，快速翻炒，使土豆表面都沾上油。

7. 向锅中添入适量水，水要没过土豆。

8. 再加入适量老抽、八角和桂皮，大火煮至沸腾后转小火，并去掉汤中浮沫。

9. 待土豆绵软后，放入白菜叶，煮5分钟。

10. 最后加盐和白糖调味，即可。

烹饪高手支招

1. 土豆要挑选沙质的，炖煮的时间一定要长些，这样出来的口感才会软绵。

2. 用了八角和桂皮，即使没有放肉，味道也很浓郁。

3. 这道菜也可用猪肉代替牛肉，做的过程中，一定要撇清浮沫，保证菜品口感纯正。

健康心语

　　土豆牛肉炖白菜，菜烂汤鲜，清香可口，又有解渴利尿、通利肠胃、促进消化的作用，适合全家食用。

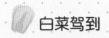
肉汤 豆腐炖白菜

特点 口味适中，香味四溢。

适合人群 一般人群均可食用。

材料： 白菜250克、豆腐1块，高汤适量。

调料： 食用油15毫升、葱1/3根、姜5克、盐1汤匙。

制作：

1. 将葱、姜洗净，葱切段、姜切片，备用。

2. 将白菜洗净，切大片；豆腐切小方块，用开水焯一下，备用。

3. 将锅置于火上倒油烧热，放入葱、姜爆香。

4. 倒入白菜片翻炒2分钟左右，将备好的高汤倒入锅中。

5. 再放入焯好的豆腐块，盖上锅盖，转中火慢煮。

6. 煮5分钟，掀盖翻炒一下，再盖好锅盖。

7. 再煮3分钟。

8. 等汤汁收的差不多时，加适量盐调味即可。

烹饪高手支招

1. 根据肉汤的咸淡来加入适量盐，也可依个人口味不加盐。

2. 豆腐先用水焯好，炒时就不容易被炒碎。

3. 高汤最好是猪骨汤，味道更鲜美。

健康心语

有句俗语是说：鱼生火，肉生痰，白菜豆腐保平安。可见这道肉汤白菜炖豆腐是百姓餐桌上最熟悉的美味了。白菜中含有丰富的粗纤维等营养成分，再搭配上含铁、钙、磷、镁等元素的豆腐，充分补充了人体必需的营养。

羊肉 粉条白菜煲

特点 色美味鲜，可口营养。

适合人群 一般人群均可食用。

材料： 羊肉200克、白菜100克、粉条50克、胡萝卜1/2根。

调料： 食用油15毫升、香菜5克、干红椒3个、葱1根、姜5克、八角3克、料酒1汤匙、香叶3克、豆瓣酱1大勺、盐1汤匙。

制作：

1. 香菜洗净切段；干红椒剪成两截，去辣椒籽洗净。

2. 将葱洗净，葱的葱白部分切成长段，葱叶切成葱花；姜洗净，切成片。

3. 将胡萝卜去皮洗净，切成小块。

4. 将白菜洗净后撕成小片；粉条剪成小段，用温水泡软。

5. 将羊肉洗净切块，放入沸水中汆烫，待羊肉稍变色后，捞出用清水冲去血沫。

6. 将锅置于火上，倒油烧热，放入八角、干红椒爆香，倒入处理好的羊肉翻炒，再加入少许料酒翻炒均匀。

7. 放入姜片、葱白、香叶等调味料，加水没过所有材料并高出一些，大火烧开后，用勺撇去浮沫。

8. 再把白菜、粉条、胡萝卜连汤和羊肉一起倒入砂锅中，煲90分钟。

9. 最后加入豆瓣酱、盐调味，最后撒上葱花和香菜即可。

烹饪高手支招

1. 汆烫羊肉时要将血沫冲洗干净，翻炒后第一次煮沸时，也要将浮沫撇清，以免影响菜的鲜味。

2. 煲汤时，最好将水一次性加足，中途需要加水，一定要加开水。

3. 用砂锅煲东西时，不可心急用大火，最好用小火慢煮。可先在砂锅中倒少量温水，再倒入炒好的羊肉，防止砂锅炸裂。

4. 若想吃熟软的白菜，放入白菜后可以多煮一会。若喜欢吃脆的白菜，放白菜时用筷子将其压到汤里面就关火，利用砂锅的余温将其烫熟即可。

健康心语

这道羊肉白菜粉条煲非常适合在干燥、寒冷的天气食用。虽然步骤繁多，但味道鲜美，汤汁浓郁，适合全家一起享用，又有温补脾胃、保护胃黏膜、增加抵抗力的功效。

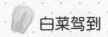

排毒 白菜粥

特点 美味可口，清热解毒。

适合人群 一般人群均可食用。

材料： 大白菜200克、熟米饭200克。

调料： 食用油5毫升、葱5克、姜5克、蒜5克、盐1/2汤匙。

制作：

1. 将白菜洗净，切成细丝；同时将葱、姜、蒜切成末。

2. 锅中倒油，下葱、姜、蒜快速爆炒后加入白菜丝继续翻炒，等到出汤后加水和米饭，调制中火，直到米粥黏稠。

3. 出锅前放盐调味，即可。

烹饪高手支招

1. 在炒白菜的时候，先把白菜帮放进锅里，炒软后再下白菜叶子，这样白菜容易入味。在条件允许时，也可以先把白菜焯一下水再烹饪。

2. 这道粥也可以不加盐，直接配着咸菜进食即可。

健康心语

　　白菜粥能清理肠胃，而且常喝具有养生的功效。如果是减肥中人，在冬天喝白菜粥非常不错，不仅能在短时间内快速减肥，还能清肠排毒。

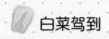

蒜蒸白菜

特点 营养健康,清新脆爽。

适合人群 一般人群均可食用。

材料: 白菜350克。

调料: 食用油10毫升、食盐1/2汤匙、蒜1头、干辣椒5个。

制作:

1. 将白菜洗净,用手撕成大小适中的片,放入盘中,撒适量盐拌匀,腌制5分钟左右。

2. 待白菜稍微变软出水后,用手轻轻挤掉白菜的水分。

3. 将白菜入蒸锅大火蒸3分钟左右。

4. 将蒜去皮剁成蒜蓉,放入白菜的上面。

5. 锅中放油烧热,放入干辣椒炸香。

6. 将辣椒油浇在蒜蓉上。

7. 食用时,搅拌均匀即可。

烹饪高手支招

1. 用盐腌制白菜的时间不宜太长,待其稍微变软即可。

2. 蒸的时间也不宜过长,最好在3分钟左右,时间太长,白菜会变软烂,没有爽脆的口感。

清脆爽口的蒜蒸白菜制作非常简单，吃起来却极美味可口。自古就有："冬日白菜美如笋"的说法。

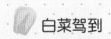 白菜驾到

 白菜墩

特点 蔬嫩荤鲜，色泽柔和。

适合人群 一般人群均可食用。

材料： 白菜心300克、熟鸡肉100克、熟火腿60克、烤鸭肉100克、熟笋片30克、虾米25克。

调料： 鸡清汤1大勺、绍酒1/2汤匙、盐1/2汤匙。

制作：

1. 白菜心洗净，一页一页分开。

2. 将分开的白菜叶，竖着卷成白菜墩，中间留出空间盛放食材。

3. 将卷好的白菜墩放在圆盘中摆列整齐，上锅大火蒸2分钟，取出。

4. 将熟的鸡肉、火腿、烤鸭、笋、虾米剁成碎末。放入适量鸡清汤、绍酒、盐调味。

5. 将以上切好的食材碎末小心装入白菜墩中间空的位置里，逐个均匀装入。

6. 将圆盘上锅，用旺火蒸5分钟。

7. 最后将蒸熟的白菜墩取出即可。

烹饪高手支招

1. 第一次单蒸白菜时，目的是使白菜墩好成型，切记要大火速蒸，蒸得过软不易成型。

2. 因为大部分食材都是熟的，再一次上笼蒸的时间不宜过长。

健康心语

　　这道四鲜白菜墩以火腿、烤鸭、鸡肉、鲜笋相配，色泽调和，排列整齐，汤清醇厚，口味咸鲜，是一道地地道道的上海菜。做法讲究，有补虚养身、调节营养不良之功效。

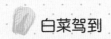

虾米 炒白菜

特点 清素不腻，搭配均衡。

适合人群 除对海鲜过敏者均可食用。

材料：白菜300克，虾米30克，鲜香菇1个。

调料：食用油10毫升、姜片5克、葱段5克、料酒1/2汤匙、生抽1/2汤匙、盐1汤匙、水淀粉适量。

制作：

1. 将大虾放在水中浸泡透，洗净；将香菇干净，去蒂切小片。

2. 将大白菜洗净切成长条，用开水略煮，沥干水分。

3. 将锅置于火上，倒油烧3成热，倒入姜、葱翻炒爆香，再放入虾米翻炒，加料酒、生抽翻炒均匀。

4. 放入白菜一起翻炒，炒至白菜变软。

5. 放入香菇再翻炒2分钟。

6. 最后加入盐调味，倒入水淀粉勾薄芡即可。

烹饪高手支招

虾米在锅中翻炒的时间不能太长，时间长口感容易变老。

健康心语

　　虾中含有大量的镁，能很好的保护心血管系统，它可减少血液中胆固醇含量。白菜含有丰富的维生素和矿物质，特别是钙。这道白菜扣虾将两种食材完美结合，可防止动脉硬化，对于美容养颜、润肠排毒等，都有极好的功效。

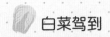 白菜驾到

如意 白菜卷

特点 做法简单，健康营养。

适合人群 一般人群均可食用。

材料： 猪肉馅200克、白菜叶100克、鸡蛋清1个。

调料： 食用盐1/2汤匙、料酒1/2汤匙、水淀粉1/2汤匙。

制作：

1. 将白菜叶洗净。

2. 锅中烧开水，在水中加入少量盐和食用油，放入白菜叶子，待叶子烫软后立即捞出。

3. 在猪肉馅中加入蛋清和适量盐、料酒搅拌均匀。

4. 在白菜叶中包入猪肉馅（不宜太多）。将菜卷包好后整齐地摆在盘中。

5. 将白菜卷的盘放入蒸锅蒸。

6. 蒸5分钟左右取出，将蒸出的多余的汤汁倒入锅中。

7. 用水淀粉将汤汁勾薄芡，再淋在菜卷上即可。

烹饪高手支招

1. 加个蛋清可以使肉馅更加嫩滑，包馅时，馅料不宜多放，蒸时不易熟。

2. 选用五花肉来做肉馅，有一定的肥肉比例，可以使菜卷口感更润滑。

3. 若不喜肥肉的人可选用纯里脊肉来做肉馅，如果是全瘦肉建议放点食用油一起搅拌，这样不至于肉会变得很柴。

健康心语

白菜中粗纤维的含量丰富，不但能润肠道、促排毒，还能刺激肠胃蠕动，利于消化，对预防肠癌有良好作用。这道如意白菜卷色乳白，味鲜美，特别适合秋冬空气干燥的季节，此时的寒风对人的皮肤伤害极大，它可以起到很好的护肤和养颜效果。

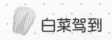

栗子 白菜

特点 甜糯清香，美味健康。

适合人群 一般人群均可食用。

材料：栗子仁100克、白菜1小颗。

调料：食用油10毫升、高汤2大勺、酱油1/2汤匙、料酒1/2汤匙、白糖1/2汤匙、水淀粉半汤匙、盐1汤匙。

制作：

1. 将白菜去根去帮，整棵白菜切成段，再切成长条。

2. 将栗仁一切两半。

3. 将锅置于火上，倒油，烧热后放入白菜翻炒。

4. 加入适量高汤、酱油、料酒、白糖一起翻炒。

5. 再倒入栗仁，煮沸后，转小火烧2分钟左右，收掉一部分汤汁。

6. 待栗子焖烂后，放入盐调味，最后用水淀粉勾芡，即可。

烹饪高手支招

1．想要做出的菜精美别致，可将白菜切成7厘米长、1厘米宽的白菜条。

2．此菜有了栗子的加入，比较清香爽口，盐和糖的比例可依个人口味适当调配。

健康心语

栗子，学名板栗，不仅含有大量淀粉，而且含有蛋白质、B族维生素等多种营养素，素有"干果之王"的美称。与有"百菜之王"的白菜搭配，做出的这道栗子白菜，色泽鲜艳，味香适口，尤其适合小朋友们吃哦。

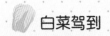

小白菜 汆丸子

特点 荤素均衡，嫩滑可口。

适合人群 一般人群均可食用。

材料： 小白菜100克、嫩牛肉250克、鸡蛋清1个。

调料： 盐1/2汤匙、葱花5克、姜末5克、料酒1/2汤匙、生抽1/2汤匙、胡椒粉1/2汤匙、香油适量。

制作：

1. 将小白菜洗净，切成段备用。

2. 将牛肉浸泡冲洗干净后，剁成细蓉放入盆中。

3. 往牛肉盆子放入鸡蛋清、盐、胡椒粉、料酒、生抽、姜末，一起搅拌。

3. 然后在牛肉馅中慢慢加入少许清水，并顺着一个方向搅拌，使其上劲。

4. 将锅置于火上，添入适量清水，开小火。

5. 将牛肉馅用小勺做成大小均匀的丸子状，逐一放入锅中。

6. 烧开后撇去上面的浮沫；待肉丸变色浮起时，放入洗干净的小白菜。

7. 待白菜煮软后，加入适量盐和香油调味，撒入葱花即可。

烹饪高手支招

1. 可依个人口味，将牛肉丸换成猪肉丸、羊肉丸、鱼丸等。做不好丸子形状的可以到超市买现成的成品。

2. 搅拌肉馅时要少量缓慢的加水，并朝一个方向搅拌。

3. 煮丸子的水要多加点，因为撇去浮沫后会减少一些。

4. 调味料可根据实际情况调配，但不能加的过多，掩盖了肉丸的鲜味。

健康心语

　　这道小白菜氽丸子的做法并不复杂，其滑滑嫩嫩的肉丸，配合着小白菜的清爽，不油不腻，搭配得恰到好处。牛肉不仅是美味健康肉食，同时还提供优质蛋白质，含热量极少。小白菜是蔬菜中含维生素、矿物质最丰富的蔬菜之一。

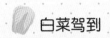 白菜驾到

糖醋 大白菜

特点 色泽洁白，脆嫩利口。

适合人群 一般人群均可食用。

材料： 白菜300克。

调料： 醋2汤匙、白糖2汤匙、盐1/2汤匙、胡椒半汤匙、高汤2大勺。

制作：

1. 将白菜洗净用手撕成大块，将高汤烧开后，倒入白菜焯2分钟左右，捞出过凉水。

2. 另取一锅置于火上，向锅中加半碗水。

3. 水烧开后，加入白糖化开，放入白菜一起翻炒1分钟。

4. 加入醋一起翻炒，放入盐调味。

5. 最后出锅即可。

烹饪高手支招

1. 喜欢口感爽脆的，焯白菜的时间适当可以短些。

2. 白菜快出锅时再加醋，可使醋的香味和酸味很好地发挥出来。

3. 这里糖和醋的比例可以依据个人的喜好来酌量增减。

健康心语

　　糖醋大白菜是现今餐桌上必不可少的一道家常美食，菜品清淡酸甜，还具有较高的营养价值。对于护肤养颜、润肠排毒等，都有极好的功效。

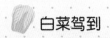 白菜驾到

辣白菜

特点 酸酸甜甜，清新爽口。

适合人群 一般人群均可食用。

材料：大白菜500克。

调料：蒜20克、盐1汤匙、鱼露1/2汤匙、辣椒粉1汤匙、白糖1汤匙。

制作：

1. 将大白菜分叶逐片装入盒中，并用适量的盐腌15~24小时。

2. 将蒜切末。

3. 将辣椒粉、白糖、鱼露、盐放在一起搅拌均匀。

4. 再把每一片白菜均匀地涂抹上搅拌好的调料。

5. 然后再将涂抹好调料的白菜，密封发酵，时间视温度而定。春季为4~5天，夏季3天，冬季6~7天。

烹饪高手支招

1．蒜依个人口味可不同添加，一般情况下，蒜末放的比较多。

2．辣椒的用量看自己喜欢辣味的程度来增减。

3．一定要注意，密封盒一定要清洗干净，千万不要碰油。整个制作辣白菜的过程不能沾有油。

健康心语

辣白菜是一道非常好的佐餐下饭食品。在朝鲜族的家庭之中，不管是粗茶淡饭，还是美酒佳肴，辣白菜餐都是桌上离不开的佐餐佳肴。

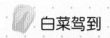 白菜驾到

果汁 白菜心

特点 色泽鲜艳，脆嫩酸甜。

适合人群 一般人群均可食用。

材料： 柠檬1个、白菜心250克、香菜10克、彩椒1个。

调料： 白糖1汤匙、盐1汤匙、香油1/2汤匙。

制作：

1. 将香菜洗净，切成段。

2. 将白菜心、彩椒分别洗净切成细丝。

3. 将白菜心、彩椒丝和香菜段一起放入盆中，放适量盐腌10分钟左右，控掉盐水。

4. 将柠檬切开个口，挤出柠檬汁，直接滴入白菜中。

5. 加适量白糖、盐拌匀，放香油调味即可。

烹饪高手支招

1. 柠檬汁比较酸，可依据个人口味增减。

2. 将调味料拌匀后即可食用，如果喜欢清凉口味的，也可将拌好的白菜放入冰箱冷藏30分钟后再食用。

健康心语

　　果汁白菜心是一道清凉爽的家常菜肴，既可延缓衰老，又能清热解暑。菜中所含的热量又极少，也有减肥养颜的作用，是夏日和搭配大鱼大肉的必选佳品。

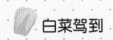

什锦 白菜荟萃

特点 绿色健康，清淡爽口。

适合人群 一般人群均可。

材料：白菜200克、金针菇100克、香菇1朵。

调料：盐1汤匙、胡椒粉1/2汤匙，香油1汤匙。

制作：

1. 将白菜、香菇分别洗净，切成丝。

2. 将锅置于火上，添适量水煮开后，将白菜丝放入锅中烫软即可。

3. 再将金针菇、香菇丝放入水中煮熟后，立刻取出放入碗中，晾凉。

4. 然后加入白菜丝，加盐和胡椒粉拌匀。

5. 最后再加少香油调匀即可。

烹饪高手支招

1. 白菜丝煮的稍软即可，烫的时间太长容易变黄。

2. 金针菇和香菇一定要煮熟，但时间也不能太长，熟了就立刻出锅。

74

健康心语

这道什锦白菜荟萃，清爽不腻，对于平时吃惯了大鱼大肉的人们，偶尔转换一下口味，一定会另有收获。

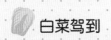
凉拌 小白菜

特点 美味家常，简单易学。

适合人群 一般人群均可食用。

材料： 小白菜250、炸花生米50克。

调料： 葱花5克、蒜末5克、盐1/2汤匙、醋1/2汤匙、白糖1/2汤匙。

制作：

1. 将小白菜分别洗净，切段。

2. 锅中烧水，水开后，放入小白菜焯烫。

3. 小白菜熟后马上出锅，控干水。

4. 加入炸花生米、葱花、蒜末、盐、白糖、醋一起拌均匀，即可食用。

烹饪高手支招

1. 小白菜焯水后，一定要尽量控干水分，以免影响菜肴的味道。

2. 喜好吃辣的话，还可以加入辣椒酱一起搅拌。

3. 这道菜适合拌完后马上食用，放置的时间长味道会变。

健康心语

除了炒菜和炖菜外，凉拌的白菜也是非常美味的。特别是这道小白菜加入了炸花生米，清凉爽口，喷香美味，是暑日必备的下酒小菜。

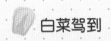

紫菜 凉拌白菜心

特点 酸甜适中，营养别致。

适合人群 一般人群均可食用。

材料： 紫菜10克、白菜心200克。

调料： 食用油1大勺、食盐半汤匙、姜5克、蒜5克、生抽半汤匙、醋半汤匙、香油半汤匙、白糖半汤匙、红辣椒油适量。

制作：

1. 将紫菜泡发、洗净；白菜心洗净，切成丝。

2. 将姜切成丝、蒜去皮剁成末，备用。

3. 锅中坐水，烧开后。先后放入白菜心和紫菜烫熟，捞出，控干水分，晾凉。

4. 将白菜心与紫菜混合，添加盐、白糖、生抽、醋和香油拌匀。

5. 锅中放油、烧热，放入姜丝、蒜末炸香。

6. 将热油浇在菜上，放入适量红辣椒油拌匀即可。

烹饪高手支招

1. 紫菜稍微焯水，时间长会影响菜品的爽口度。

2. 白菜心也不需要焯太长时间，以爽口为主。

健康心语

这道紫菜凉拌白菜心风味独特，清爽味佳。在家庭聚餐时，上一道这样精致的菜肴，也是一件乐事。

Part3

好玩的白菜

白菜是一种常见的美食，也是简单便宜的美容减肥原料，不仅如此，白菜还能用来把玩。关于这白菜的事情还真不少，待我一一为大家道来。

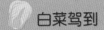 白菜驾到

白菜先生
多漂亮

　　白菜菊花，简称白菜菊，就是用白菜雕刻成菊花的样子。这是一种常见的雕法，白菜的主题部分拿雕刻刀雕成条状，然后放入清水中浸泡，利用白菜表皮与内部组织结构的吸水量不同，让它形成花朵的形状。用白菜雕刻的花朵简单易学，材料方便可取又便宜，是蔬菜雕花中的入门课了。

　　下面我来为大家介绍一下白菜菊花的雕刻方法。

选料：

　　长白菜一颗

要求：
1. 要挑选形体端正、菜帮平滑、线条优美的白菜，不要有裂开的白菜帮、肿块，也不要歪歪扭扭的白菜。

2. 选择含水量较少的白菜，太脆嫩的白菜在雕花过程中容易断裂。

雕刻工具：

专业U形戳刀

雕刻步骤：

1. 挑选适合的大白菜，将外面的老帮、菜根和菜头去掉，只留靠近根部6厘米左右的白菜段。

2. 使用戳刀在白菜帮外侧刀切面垂直插到白菜根部，然后再斜着扎一下，将整个白菜帮刚好扎穿，在每片白菜帮的根上刻出3~6条菊花瓣，然后用手去掉多余的部分，将花瓣整理好，使之层次分明、间距明显，再用同样的方法处理好外面的几层花瓣。

3. 内侧的白菜每一层刻出3~4条菊花瓣，再用同样的方法刻出花心。将里外都刻好后，用手整理好形状。

4. 将做好的白菜花雕放入水中，静止5分钟左右，白菜花瓣便会自然弯曲，成为一朵漂亮的菊花。

注意事项与操作要领：

1. 一定要选用新鲜并且菜心疏松的大白菜。

2. 雕刻花瓣的时候一定要掌握好力度，尤其是在用戳刀扎菜根的时候，千万不能扎到第二层的菜帮。雕刻花心的时候，花瓣一定要短于外面几层的花瓣。

白菜先生故事多

传说很久很久以前，玉帝的三女儿不慎触犯天条，被贬下人间，就在长白山一带。有一次，三公主上山采药时，碰见了一头野狼精，野狼精张开血盆大口向她冲来。就在这千钧一发之时，松阳真人赶来救下了三公主。

等到三公主期满返回天庭时，向王母娘娘说了她在人间遭受的种种磨难，自然也包括松阳真人出手相救一事。王母于是传召松阳真人上天庭参加神仙聚会。盛宴结束之后，王母询问松阳真人想要什么宝物作为救命报答。松阳真人说："我不想要别的，只想要一样，那就是天庭的菘。希望凡间的百姓们都能尝到天庭的美味佳肴，也能病患全消，延年益寿。"

王母于是赐下菘种，从此人间就有了菘。菘是古代人对白菜的称呼。

清朝时候，慈禧太后晚年生了一场大病，御医们给她开了许多滋补药方都不见好转。因为慈禧太后自己早年间看过许多医书，对养生之道也略懂一二，于是她便为自己开了一味药方，让御膳房照做。自从服下这药方之后，慈禧太后的身体居然一天天好转起来。那究竟是什么样的药方这么见效呢？原来，慈禧太后下令禁食那些山珍海味、鸡鸭鱼肉，改食白菜，并且不加过多的佐料，只是清淡炖制。这件事后来传遍了宫廷内外，人们争相仿效。

北京人对白菜有着极其深厚的感情，有位曾在国子监当差的老人说："哪儿也比不上北京，北京的炖白菜比其他地方的都好吃，因为五味神在北京。"北京的老人常会这样说，把自己一辈子吃的白菜堆起来，能够堆到北海的白塔那么高。

著名的画家齐白石先生这一生中对白菜这种蔬菜尤为推崇，他的许多画作中都能够看到白菜的身影，他甚至认为白菜应该被封为"蔬菜之王"。

白菜先生
有节日

　　在贵州省黄平一带的苗族，每年农历正月十五，他们都会过节，不过不是元宵节，而是过一个"偷菜节"。每到这天，姑娘们便会成群结队去"偷"别人家的菜，只许偷白菜，而且禁止偷本家族的，也不能偷同性朋友家的。为什么有这些讲究呢？因为这偷菜可是跟姑娘们的终身大事息息相关的。说是"偷"，其实一点儿也不怕被发现，有的可能正是期待被人看见呢。有的姑娘看中了哪家小伙子，便会上他家去"偷"菜，被"偷"的小伙子也因此认识了这姑娘。姑娘们把偷来的白菜堆在一起，凭借自己的巧手，做成各种美味的白菜宴。传说谁吃的白菜最多，谁就能最先找到自己的心上人，谁养的蚕宝宝也会长得最壮，吐出最多最好的丝。

在家
种白菜

　　胖墩墩、圆鼓鼓的大白菜看起来可爱极了，往往每年秋冬之际，就会看到许多农民拖着一大车新鲜的白菜到城里来卖。实际上，白菜不止局限在农田里，它一样能够在现代都市中安家乐业，我们用自家的阳台也一样能够种出鲜嫩美味的白菜。只要护理得法，也一样能够获得丰收。

白菜先生在阳台

阳台上也能种白菜？也许你会感到疑惑，但是不要紧，收拾好你的疑虑，跟着我们来看看吧，到底阳台种白菜是怎么个种法。

所需材料：种子、菜园土、腐叶土、有机肥、竹签、喷壶、小耙及栽培容器。

前期准备

1）选种：这个没有特别要求，一般品种的白菜都能够种在阳台。

2）栽培土：栽培白菜的土最好要疏松、透气，既保水又保肥。一般情况下，将等量的菜园土、腐叶土和有机肥混合拌匀即可。

3）栽培容器：在阳台或者露台上用砖砌成栽培槽。

播种育苗

直接播种

1）将种子放入50～55℃的水中浸泡15分钟左右，期间要不停搅拌，以免种子被烫伤。

2）再将种子置于常温的水中浸泡6～8小时。

3）将营养土倒入栽培槽内，整平，浇透水。然后将浸泡好的种子均匀地撒在土壤表面，再在种子上面撒一层1厘米左右的细土。

育苗移栽

将种子放在室内合适的温度湿度环境下培育，等到长出4片小叶时再进行分苗移栽。

 白菜驾到

日常管理

1）光照条件：白菜喜欢温暖湿润的环境，尤其是白菜苗的生长更需要阳光，可以将其放在楼顶天台、阳台等阳光充足的地方栽培。

2）选择育苗栽培的时候，一定要做好保湿、保温和遮阴的工作，等到移栽后4～5天方可见阳光。

3）生长期要浇水追肥2～3次，最好是氮磷钾复合肥。

4）播种后20～40天即可进行采收。

注意事项

1）浇水最好在早晚凉爽、没有太阳照射的时间段为宜。中午太阳照射，土壤内部温度较高，这个时候浇水，苗根受冷水刺激，容易发生病变。

2）等到水完全渗透到土壤里，土壤不再发黏的时候，再用小耙轻轻松土。

白菜驾到

白菜先生
在庭院

在露天的庭院里栽培白菜与在农田里栽培白菜没有什么不同，都是在露天的环境下。不过，虽然这样，也不要掉以轻心，需熟悉白菜的属性，才能有好的收获。

白菜是半耐寒性的蔬菜，喜欢温暖凉爽的气候。虽然白菜的生长温度在10~22℃，但是它也能经受得住轻微的霜冻。不同生长期对温度有不同的要求，种子发芽期和幼苗生长期的适合温度是22~25℃，莲座期则是17~22℃最合适，而结球期则要将温度保持在12~16℃。白菜生长期需要有昼夜温差，不过温差不要太大，5℃左右最合适。近些年来从国外引进的许多特抗品种，生命力旺盛，在温度高达30~35℃仍能正常生长。

白菜是一种中等喜光的蔬菜。如果莲座期和结球期都为晴朗、日照充足的天气，那么才有可能获得丰收。

白菜是一种含水量极高的蔬菜，所以在生长期间需要大量的水分。不过生长发育期的不同阶段对水分的要求也不同：种子发芽期需要土壤含水量在20％左右，莲座期间土壤的含水量不能低于50％，结球前、中期土壤含水量最好能够达到80％左右。而这段时期空气的相对湿度要保持在70％~80％。

白菜对土壤具有较强的适应性，最喜欢土层深厚、土质肥沃的沙质土。幼苗期间对于氮、磷、钾的需求量和吸收率都较低，等到莲座期对肥料的需求量就逐渐增加了，到结球期所需肥料最多。

栽培白菜时最好将有机肥和无机肥配合施用，基肥以有机肥和磷肥为主，追肥的时候用无机肥和部分速效肥。莲座期和结球期是施肥的重点时期。另外，白菜在生长过程中对微量元素譬如硼、钙等的需求量都有一定要求，如果缺乏，极易发生病虫危害。

白菜先生
移进盆

除了在阳台和庭院里，白菜还能种在花盆里？是的，白菜也可以像花一样，种在花盆里。花盆里种的白菜不仅能够当成蔬菜来食用，还具有很强的观赏价值。如果想要吃到最健康新鲜的白菜，又想为自己的家中增添一抹绿色的风景，不妨来学习一下如何用花盆种白菜吧。

1. 花盆的选择是基础。盆栽白菜的选择范围比较广，花盆、木盆、塑料箱等都可以，不过单株大白菜栽种的容器深度在15～20厘米最合适。

2. 将花盆洗干净，盆地垫上瓦片，将肥与土按照1：2的比例混合、拌匀，然后装入花盆。土不要装得太满，最好距离盆沿3厘米。

3. 将土整平，浇透水，然后将白菜种子均匀地撒入，再在种子上轻轻撒一层细土，盖0.5厘米的厚度。

4. 等到小苗长出，如果发现幼苗太密，可以适当拔掉一些小苗，给白菜苗留下足够的生长空间与养分。注意，这些拔掉的小白菜苗可别扔了，它可是一道美味营养的好菜呢。

5. 精心管理，适当浇水与松土，保持足够的光照。

6. 大约60天后就能采收食用了。

这种盆栽白菜观赏性极强，可以装点家庭，还能够作为美味健康的菜肴。另外，这种盆栽白菜不受地域和气候的限制，生长周期短，虫害较少，随时都可以种植，是家庭盆栽的新选择。

除了盆栽大白菜，还能够自己在家养白菜花。新鲜吧，那就来看看白菜花是怎么养出来的吧。

买回来的白菜剥掉部分外皮，余下的白菜放到盆中，用清水养着。过不了几天，你就能看到白菜心里钻出新芽了。勤换水，适当控制浇水的频率与量，大概一个月的时间，白菜心就能开花了。花枝最高的能够长到1米，白菜花是耀眼的金黄色，一串一串地绽放，漂亮异常。

看到这里，你是否也动心了呢？心动不如行动，赶紧自己动手试试吧。